# 色林错植物图鉴
## 羌塘"鬼湖"的植物生灵

Plant Creatures around Selin Co: the Biggest Gost Lake of Qiangtang

主　编：宋洪涛　高海峰
编委会：张寅生　李胜男　郭燕红
　　　　马　宁　张　腾　王邺凡
植物鉴定：顾垒（中国科学院成都生物研究所）

项目资助：国家自然科学基金青年基金（NO. 41501064，NO. 41501074）
　　　　　国家自然科学基金重点项目（NO. 41430748）

科学出版社

色林错,曾名"奇林湖",是西藏自治区的第一大湖,中国的第二大咸水湖。在藏语中,"色林错"意为"威光映复的魔鬼湖"。据传说,"色林"是古时居住在拉萨西面堆龙德庆的大魔鬼,以吞噬千万生灵为生,百姓对此束手无策。一个雷雨过后的良辰,在集智慧、慈悲和伏恶力量于一身的莲花生大师的紧追之下,魔鬼色林逃到岗尼羌塘南面的一面浩瀚浑浊的大湖里。大师命令他在湖中虔诚忏悔,永远不得离开,并且不许残害水族。莲花生大师将这个大湖命名为"色林堆错",意为"色林魔鬼湖"。

色林错位于冈底斯山北麓班戈县和申扎县境内,湖面海拔 4530 米,湖体东西长 72 千米,南北宽约 22.8 千米,东部最宽处达 40 千米。主要有 4 条河流注入色林错,分别是扎加藏布、扎根藏布、波曲藏布和阿里藏布,其面积在历史上曾达到 1 万平方千米,后因气候变化,湖泊退缩,从中分离出格仁错、错鄂、雅个冬错、班戈错、吴如错、恰规错、孜桂错和越恰错等 23 个卫星湖泊,如同翡翠项链般环绕。1976 年以来,在气候变化大背景下,色林错湖面蒸发减少,而降水和冰川融水补给增多(郭燕红,2016)[1],导致作为内流湖的色林错不断扩张,尤其在近 10 年来扩张速率高达 30%。截至 2014 年 6 月,色林错面积已达 2391 平方千米,比纳木错多出 369 平方千米,是中国第二大咸水湖,西藏第一大湖泊。

色林错湖区属于半干旱草原地带,年均温 -3~-0.6℃,最热月均温 9.4℃。年降水量约290 毫米,6~9 月降水量占全年的 90%,夏季多冰雹。湖积平原上砂砾堤发育,西侧多半岛和峡湾。湖周山地海拔 5100 米以下孕育了紫花针茅草原,4600 米以下湖积平原上孕育了固沙草和白草草原,山麓分布有羽状针茅和藏沙蒿草原,草原带以上有小蒿草和羊茅组成的高山草甸或高山草原化草甸。

整个色林错流域四面群山环抱,湖盆面积广阔,湖滨水草丰美。它是藏北重要的牧业基地之一,也是黑颈鹤、雪豹、藏羚羊、盘羊、藏野驴和藏雪鸡等国家一级保护动物的重要繁殖地和栖息地。色林错裸鲤是藏北色林错湖泊中唯一的一种鱼类,极为罕见。

由于所处海拔高，环境严酷，交通不便，加之人烟稀少，色林错及其流域内大部分区域尚为无人区，因此集砾滩、草场和滨湖于一体的藏北优美风光也极少有人能领略到。出于工作原因，我们所在的研究组自 2010 年开始深入色林错腹地，在惊叹和享受这里近乎原始美景的同时，也想利用专业所长，将长久守望这里的植物界的生灵一一介绍给想要了解它们的人们。

本书旨在介绍色林错及其湖区周边主要的草地植物物种以及部分自然景观，并参照资料，对所有植物物种的辨识特征、生长习性和分布区域等做了简要描述，帮助人们来认识这块高原璞玉周边的植物，也希望为植物爱好者和旅游爱好者提供一份具有一定参考价值的观察指南或科普读物。书中所有图片均为本课题组成员自行拍摄，作为热爱自然科学的非专业摄影人士，摄影技术拙劣，也请大家谅解和指正。

色林错区域属于半干旱草原地带，冬季漫长，植物生长季较短，罕见乔木和灌木分布，植物多样性相对较小，但对维持当地自然生态的完整性、野生动物栖息地及牧民生产生活起着不可或缺的作用。调查结果表明，环湖区域内共有 42 个植物种，呈现科数多但同科物种属、种少的状况。其中，菊科植物 8 种，毛茛科、景天科、紫草科和玄参科各 3 种，蓼科、石竹科、唇形科、禾本科和百合科各 2 种，荨麻科、藜科、十字花科、蔷薇科、豆科、柽柳科、瑞香科、报春花科、龙胆科、紫葳科、川续断科和莎草科各 1 种。

（1）郭燕红. 色林错湖面蒸发对湖泊水量平衡贡献的观测与模拟研究［D］. 北京：中国科学院大学，2016.

# Introduction

Selin Co, once named Qilin Lake, is the largest lake in the Tibet Autonomous Region and the second largest salt lake in China. Literally, it means "the lake of a devil under the control of a divine power"in Tibetan language. In legends, "Seling"was a devil who lived in Doilundeqen County to the west of Lhasa. It lived by devouring all kinds of creatures, and people could do nothing to him. One day, after a thunderstorm, Seling the devil escaped to a vast muddy lake in the south of Gangni Qiangtang due to the hot pursuit by the wise and merciful Padmasambhava with the power of exorcism. The master commanded him to stay in the lake for sincere repentance and never to leave or kill aquatic animals. He called this lake "Seling Duizuo," namely, "Devil Seling's Lake."

Selin Co is located in Baingoin County and Xainza County to the north of Gangdise Mountains, with its surface at an altitude of 4,530 meters above sea level. The lake is 72 km long from east to west and 22.8 km wide from north to south, and the widest point in the east is up to 40 km. Four major rivers flow into Selin Co, namely Za'gya Zangbo, Zagen Zangbo, Boqu Zangbo, and Ngari Zangbo. The rivers had once covered 10,000 square kilometers in history. However, owing to climate change, the lake retreated and was divided into 23 small satellite lakes including Gering Lake, Mtsho Sngon Lake, Yagedong Lake, Bange Lake, Urru Lake, Jargo Lake, Zigui Lake, and Yueqia Lake. The surrounding lakes resemble an emerald necklace. Since 1976, global climate change has affected the area. Water of the Selin Co has evaporated less and less, while precipitation and glacier melt has increased water supplement (Guo Yanhong, 2016)[1], resulting in constant expansion of the Lake as an inland lake. Especially in the past 10 years, the lake has expanded at a rate up to 30%. Until June 2014, Selin Co has expanded to 2,391 square kilometers, 369 square kilometers larger than Nam Lake, and has become the second largest salt lake in China and the largest lake in Tibet.

Selin Co is located in a semiarid steppe zone with an annual average temperature of −3 to −0.6°C and an average temperature of 9.4°C in the hottest month. The annual precipitation in the area is approximately 290 mm, in which the precipitation from June to September accounts for 90% of the annual precipitation and it often hails in summer. Gravel ridge developed on the lacustrine plain, and peninsulas and fjords are mostly located in the west. The Stipa purpurea steppe developed in the mountains around the lake below an altitude of 5,100 meters, whereas the Stipa krylovii and Pennisetum centrasiaticum steppe developed on the lacustrine plain below an altitude of 4,600 meters. The Stipa basiplumosa and Artemisia wellbyi steppe are distributed at the foot of the mountains, and the alpine meadow or alpine meadow steppe consisting of Kobresia pygmaea and Festuca ovina are distributed above the steppe zone.

The entire Selin Co area is surrounded by mountains on four sides. With a vast lake basin area and abundant grass land at the lakeside, it is one of the most important animal ranch base in North Tibet as well as the major breeding place and habitat for first class national protected animals such as Grus nigricollis, Panthera uncia, Pantholops hodgsonii, Ovis ammon, Equus kiang, and Tetraogallus tibetanus. Gymnocypris selincuoensis is the only and extremely rare fish in the Selin Co.

Owing to the high altitude, harsh environment, and inconvenient transportation in addition to sparse population, Selin Co and most regions within its drainage basin are still unpopulated. Therefore, few people are able to appreciate the beautiful harmony of gravel banks, meadows, and lakes in North Tibet. For work reasons, our study group has gone deep into the hinterland of Selin Co since 2010. We were stunned by the almost primitive beauty untouched by the world as we utilized our expertise to observe the plants and introduce them to people who desire to know them.

This book aims to introduce the major species of grassland plants and some natural landscape around Selin Co and its peripheral regions. In addition, the book refers to the data and related materials to identify the features, growth habits, and location of the plants to help in the understanding of the plants in the plateau of North Tibet. Furthermore, we also hope to provide plant enthusiasts or tourists with an observation guide or a science book that has a reference value. All pictures in the book were taken by our team. As amateur photographers who love natural science, we do not have professional skills and trainings for photography and we would like to ask for your understanding and welcome any corrections and suggestions to this book.

Located in a semiarid steppe zone, Selin Co experiences long winter each year. The growing season for plants is very short, and trees and shrub are rarely seen; hence, the environment allows less diversity in terms of plant species. However, this feature is indispensable in maintaining the local natural ecological integrity, wildlife habitats, and the life of farmers. The survey discovered that there is a total of 42 plant species in the lake area, indicating more families and fewer genera and species. The plants discovered include Compositae (8 spp.), Ranunculaceae (3 spp.), Crassulaceae (3 spp.), Boraginaceae (3 spp.), Scrophulariaceae (3 spp.), Polygonaceae (2 spp.), Caryophyllaceae (2 spp.), Labiatae (2 spp.), Poaceae (2 spp.), Liliaceae (2 spp.), Urticaceae (1 sp.), Chenopodiaceae (1 sp.), Cruciferae (1 sp.), Rosaceae (1 sp.), Leguminosae (1 sp.), Tamaricaceae (1 sp.), Thymelaeceae (1 sp.), Primulaceae (1 sp.), Gentianaceae (1 sp.), Bignoniaceae (1 sp.), Dipsacaceae (1 sp.), and Cyperaceae (1 sp.).

(1) Yanhong Guo. 2016. Observation and simulation of lake evaporation over the Lake Silin Co in the Tibetan Plateau and its role in recent rapid lake expansion [D]. Beijing: University of Chinese Academy of Sciences.

# 目录

# 色林错简介

色林错

# 色林错全貌

　　色林错位于冈底斯山北麓班戈县和申扎县境内，申扎县以北，湖体东西长72千米，南北宽约22.8千米，东部最宽处达40千米。

纳木错

## 色林错湖景

因地处偏远，人迹罕至，与闻名遐迩的"天湖"纳木错相比，"鬼湖"色林错多了一份宁静和祥和。

宋洪涛（摄）

宋洪涛（摄）

郭燕红（摄）

宋洪涛（摄）

# 4条流入色林错的河流

阿里藏布、波曲藏布、扎根藏布和扎加藏布，4条主要入湖河流汇集冰川融水，再流入色林错，使它得以不断扩张、壮大。

阿里藏布  郭燕红（摄）

波曲藏布　郭燕红（摄）

扎根藏布 郭燕红（摄）

扎加藏布　马颖钊﹝摄﹞

高海峰（摄）

# 色林错的高寒草原

色林错周围的高寒草原属于干旱草原，是羌塘藏民放养牦牛和绵羊的传统牧区。

王邺凡（摄）

宋洪涛（摄）

郭燕红（摄）

宋洪涛（摄）

# 色林错的动物生灵

　　作为高寒草原生态系统中孕育珍稀濒危生物物种最多的地区，色林错呵护着黑颈鹤、雪豹、藏羚羊、藏野驴、盘羊和藏雪鸡等众多国家级保护动物。

郭燕红（摄）

高海峰（摄）

郭燕红（摄）

郭燕红（摄）

郭燕红〔摄〕

色林错植物图鉴 羌塘"鬼湖"的植物生灵

郭燕红（摄）

郭燕红（摄）

# 色林错的植物物种

色林错环湖区域为半干旱草原地带，冬季漫长，植物生长季较短，罕见乔木和灌木分布，植物多样性相对较小，但对于维持当地自然生态的完整性、野生动物栖息地以及牧民生产生活起着不可或缺的作用。整个环湖区域内共有42个植物种，呈现科数多但同科物种属、种少的状况。其中，菊科植物8种，毛茛科、景天科、紫草科和玄参科各3种，蓼科、石竹科、唇形科、禾本科和百合科各2种，荨麻科、藜科、十字花科、蔷薇科、豆科、柽柳科、瑞香科、报春花科、龙胆科、紫葳科、川续断科和莎草科各1种。

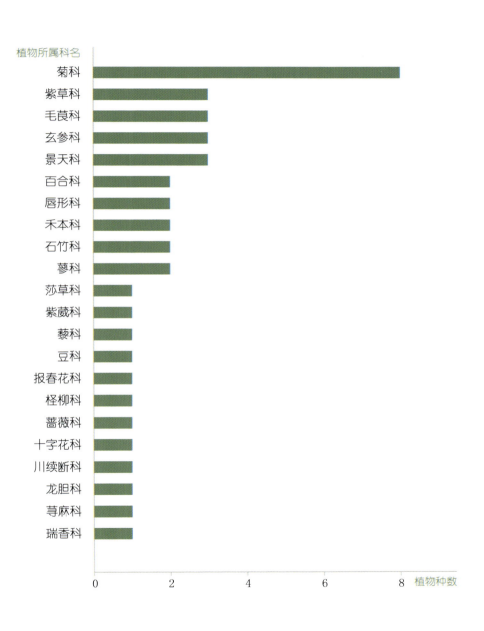

# 柔毛蓼

*Polygonum sparsipilosum* A. J. Li

　　一年生草本；茎细弱，高 10~30 厘米，上升或外倾，分枝；叶宽卵形，顶端圆钝，基部宽楔形或近截形，纸质，两面疏生柔毛，边缘具缘毛；花序头状，顶生或腋生，苞片卵形，膜质；花被白色，花被片呈宽椭圆形；瘦果卵形，黄褐色，包于宿存花被内；花期为 6~7 月，果期为 8~9 月。（详细见《中国植物志》第 25(1) 卷）

---

蓼科 Polygonaceae　蓼属 *Polygonum*

柔毛蓼分布于中国陕西、甘肃、青海、四川和西藏地区；生长于海拔 2300~4300 米的山坡草地或山谷湿地。

---

# 细叶西伯利亚蓼

*Polygonum sibiricum* Laxm var. thomsonii Meisn.ex Stew.

多年生草本；茎细长；外倾或近直立，自基部分枝；叶片狭窄，呈线形；托叶鞘筒状，膜质；花序较小，呈圆锥状，顶生；苞片呈漏斗状，无毛；花梗短，中上部有关节；花被黄绿色，花被片呈长圆形；瘦果卵形，具3棱，黑色，有光泽，包于宿存的花被内或凸出。花果期为6~9月。（详细见《中国植物志》第25（1）卷）

## 蓼科 Polygonaceae　蓼属 *Polygonum*

细叶西伯利亚蓼分布于中国东北、西北、华中及西南部等十余省，在蒙古、俄罗斯（西伯利亚和远东地区）、哈萨克斯坦以及喜马拉雅山区也有分布；生长于海拔30~5100米的路边、湖边、河滩、山谷湿地与沙质盐碱地。

# 藓状雪灵芝

*Arenaria bryophylla* Fernald

　　多年生垫状草本；木质化粗壮根；茎丛生，基部呈木质化，下部密集枯叶；叶片针状线形，基部宽，膜质；花单生；苞片披针形，基部宽，顶端尖；萼片5，椭圆状披针形；花瓣白色，狭倒卵形；子房卵状球形，1室，具多数胚珠，花柱3，线形；花期为6~7月。（详细见《中国植物志》第26卷）

石竹科 Caryophyllaceae　无心菜属 *Arenaria*

藓状雪灵芝分布于中国西藏和青海南部，在印度锡金和尼泊尔也有分布；生长于海拔4200~5200米的河滩石砾砂地、高山草甸和高山碎石带。

# 细蝇子草

*Silene gracilicaulis* C. L. Tang

　　多年生草本；近木质化根较粗壮，直立或上升，不分枝；基生叶叶片呈线状倒披针形，顶端尖；花序总状，对生，花梗与花萼几等长；苞片卵状披针形，基部合生，具缘毛；花萼狭钟形；花瓣呈白色或灰白色，下面带紫色；蒴果长圆状卵形；种子圆肾形；花期为 7~8 月，果期为 8~9 月。（详细见《中国植物志》第 26 卷）

石竹科 Caryophyllaceae　　蝇子草属 *Silene*

细蝇子草分布于中国青海、内蒙古、四川、云南和西藏地区；生长于海拔 3000~4000 米的多砾石草地或山坡上。

# 蓝翠雀花

*Delphinium caeruleum*

　　茎高 8~60 厘米，着生有反曲的短柔毛，常自下部分枝；基生叶有长柄；叶片近圆形，三全裂，表面密被短伏毛；叶柄基部有狭鞘；伞房花序；萼片呈紫蓝色，偶尔白色，呈椭圆状倒卵形或椭圆形，外面有短柔毛，花瓣蓝色；退化雄蕊蓝色；7~9 月开花。（详细见《中国植物志》第 27 卷）

毛茛科 Ranunculaceae　翠雀属 *Delphinium*

蓝翠雀花分布于中国西藏、四川西部、青海和甘肃地区，在尼泊尔、印度锡金和不丹也有分布；生长于海拔 2100~4000 米的山地草坡或多石砾山坡。

# 石砾唐松草

*Thalictrum squamiferum* Lecoy.

多年生草本；茎渐升或直立，下部常埋石砾中，露出地面处分枝；叶片长 2~4.5 厘米；叶柄长 0.3~1.5 厘米，有狭鞘；花单生于叶腋，淡黄绿色，椭圆状卵形；瘦果宽椭圆形，稍扁；7 月开花。（详细见《中国植物志》第 27 卷）

**毛茛科 Ranunculaceae　唐松草属 *Thalictrum***

石砾唐松草分布于中国云南西北部（丽江以北）、四川西部、西藏东南部至西南部以及青海南部，在印度锡金也有分布；生长于海拔 3600~5000 米的多石砾山坡、河岸石砾砂地或林边。

# 三裂碱毛茛

*Halerpestes tricuspis* (Maxim.) Hand.-Mazz.

　　多年生小草本；匍匐茎；叶基生，叶片较厚，形状多变异，呈菱状楔形或宽卵形；叶柄基部有膜质鞘；花单生；萼片呈卵状长圆形，边缘膜质；花瓣 5，呈黄色或表面白色；雄蕊约 20，花药卵圆形；聚合果近球形，瘦果 20 多枚，斜倒卵形，无毛；花果期为 5~8 月。（详细见《中国植物志》第 28 卷）

**毛茛科 Ranunculaceae　碱毛茛属 *Halerpestes***

三裂碱毛茛分布于中国西藏、四川西北部、陕西、甘肃、青海和新疆，在不丹、尼泊尔和印度西北部也有分布；生长于海拔 3000~5000 米的盐碱性湿草地。

# 蚓果芥

*Torularia humilis* (C. A. Mey.) O. E. Schulz

　　多年生草本；茎从基部分枝；基生叶窄卵形，早枯；花序呈紧密伞房状；萼片长圆形，外轮窄，内轮宽；花瓣倒卵形或宽楔形，白色；子房有毛；长角果筒状，略呈念珠状，两端渐细，花柱短，柱头2浅裂；种子长圆形，长约1毫米，呈橘红色。花期为4~6月。（详细见《中国植物志》第33卷）

---

### 十字花科 Cruciferae　念珠芥属 *Torularia*

蚓果芥分布于中国河北、内蒙古、河南北部、陕西、甘肃、青海、新疆（南部山区）和西藏地区，在中亚地区、俄罗斯的西伯利亚地区以及朝鲜、蒙古和北美洲也有分布；生长于海拔1000~4200米的林下、河滩和草地。

---

# 背药红景天

*Rhodiola hobsonii* (Prain ex Hamet) S. H. Fu

多年生草本；直立根，粗壮；基生叶有长柄，呈倒披针形至长圆形；叶互生，呈狭倒披针形至长圆形；花序呈螺状聚伞状；萼片呈三角状披针形至卵状披针形；花瓣红色，呈卵形，基部稍合生；花药背生；鳞片近匙状长方形；蓇葖直立，长9~10毫米，基部合生；种子倒卵形，长0.8毫米；花期为7月。（详细见《中国植物志》第34(1)卷）

景天科 Crassulaceae　红景天属 *Rhodiola*

背药红景天分布于中国西藏地区，在不丹也有分布；生长于海拔3560~4100米的林下、灌丛和岩缝中。

# 异鳞红景天

*Rhodiola smithii* (Hamet) S. H. Fu

　　多年生草本；直立根，粗壮，不分枝；基生叶鳞片状；花茎直立，基部有鳞片；花茎的叶互生，呈长卵形或卵状线形，全缘；伞房状花序；花两性；萼片披针形；花瓣近长圆形；雄蕊着生花瓣中部以下；鳞片近正方形，先端微缺；蓇葖果直立，种子少数；种子近倒卵状长圆形；花期为7~9月，果期为8~12月。

（详细见《中国植物志》第34（1）卷）

---

景天科 Crassulaceae　　红景天属 *Rhodiola*

异鳞红景天分布于中国西藏日喀则至亚东一带，在印度锡金也有分布；生长于海拔 4000~5000 米的河滩砂砾地、砂质草地以及石缝中。

# 二裂委陵菜
*Potentilla bifurca* Linn.

　　多年生草本；木质根纤细，圆柱形；羽状复叶，有小叶 5~8 对；叶柄密被疏柔毛或微硬毛，对生稀互生，呈椭圆形或倒卵椭圆形，顶端常 2 裂或 3 裂；顶部生近伞房状聚伞花序；花直径 1 厘米左右；萼片卵圆形，顶端急尖，外部着生疏柔毛；花瓣呈黄色，倒卵形，顶端圆钝；心皮沿腹部有稀疏柔毛；花柱侧生，棒形，基部较细；瘦果表面光滑。花果期为 5~9 月。　（详细见《中国植物志》第 37 卷）

---

蔷薇科 Rosaceae　委陵菜属 *Potentilla*

二裂委陵菜分布于中国黑龙江、内蒙古、河北、山西、陕西、甘肃、宁夏、青海、新疆和四川等地，在蒙古、俄罗斯和朝鲜也有分布；生长于海拔 800~3600 米的地边、道旁、沙、滩、山坡草地、黄土坡、半干旱荒漠草原以及疏林中。

---

# 团垫黄芪

*Astragalus arnoldii* Hemsl.

多年生垫状草本；茎短，着生灰白色毛；羽状复叶；托叶小，与叶柄贴生，膜质；总状花序的花序轴短缩，生 5~6 花；花萼钟状；花冠呈蓝紫色；子房有短柄，密生软毛；荚果长圆形，微弯，被白毛；花期为 7 月，果期为 8~9 月。（详细见《中国植物志》第 42（1）卷）

豆科 Leguminosae　黄芪属 *Astragalus*

团垫黄芪分布于中国青海和西藏地区；生长于海拔 4600~5100 米的山坡与河滩上。

# 匍匐水柏枝

*Myricaria prostrata* Hook. f. et Thoms. ex Benth.

多年生匍匐矮灌木，高 5~14 厘米；枝平滑，生不定根；叶呈长圆形、狭椭圆形或卵形；总状花序圆球形，密集；花梗短；苞片卵形或椭圆形，长于花梗，有狭膜质边；花瓣倒卵形或倒卵状长圆形，呈淡紫色至粉红色；子房卵形，柱头头状，无柄；蒴果圆锥形；种子长圆形，长 1.5 毫米，全部被白色长柔毛；花果期为 6~8 月。（详细见《中国植物志》第 50（2）卷）

柽柳科 Tamaricaceae　水柏枝属 *Myricaria*

匍匐水柏枝分布于中国西藏、青海、新疆（西南部）和甘肃（祁连山西部）地区，在印度、巴基斯坦和中亚地区也有分布；生长于海拔 4000~5200 米的高山河谷砂砾地、湖边沙地、砾石质山坡以及冰川雪线下雪融化后所形成的水沟边。

# 狼毒

*Stellera chamaejasme* Linn.

多年生草本，高 20~50 厘米；根茎木质，较粗壮；茎直立，丛生，不分枝，基部木质化；叶散生较薄、呈纸质化；叶柄短，基部有关节；花白色、黄色至带紫色，有芳香味，顶生头状花序；花萼筒细瘦，有明显纵脉；果实圆锥形，上部或顶部有灰白色柔毛；种皮膜质，淡紫色；花期为 4~6 月，果期为 7~9 月。（详细见《中国植物志》第 52（1）卷）

瑞香科 Thymelaeaceae 狼毒属 *Stellera*

狼毒分布于中国北方各省区以及西南地区，在俄罗斯西伯利亚也有分布；生长于海拔 2600~4200 米的干燥且向阳的高山草坡、草坪或河滩台地。

色林错植物图鉴 羌塘"鬼湖"的植物生灵

# 垫状点地梅

*Androsace tapete* Maxim.

　　多年生草本；植株由多数根出短枝紧密排列而成；当年生莲座状叶丛叠生于老叶丛上；叶两型，外层叶呈卵状披针形或卵状三角形，较肥厚；内层叶呈线形或狭倒披针形，中上部绿色；花单生；苞片线形，有膜质和绿色细肋；花萼筒状，长 4~5 毫米，具 5 棱，棱间通常白色，膜质；花冠粉红色，直径约 5 毫米，裂片倒卵形，边缘微呈波状；花期为 6~7 月。（详细见《中国植物志》第 59(1) 卷）

---

**报春花科 Primulaceae　点地梅属 *Androsace***

垫状点地梅分布于中国新疆南部、甘肃南部、青海、四川西部、云南西北部和西藏地区，在尼泊尔也有分布；生长于海拔 3500~5000 米的砾石山坡、河谷阶地和平缓的山顶上。

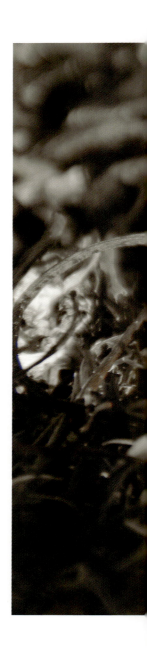

# 鳞叶龙胆

*Gentiana squarrosa* Ledeb.

　　一年生草本；茎从基部起多分枝且斜升；叶先端钝圆或急尖，基部渐狭，叶柄白色膜质；基生叶大；花多数，单生于小枝顶端；花萼倒锥状筒形，外部有细乳突，萼筒有白绿色相间的宽条纹；花冠蓝色，筒状漏斗形，裂片卵状，呈三角形，蒴果外露；种子黑褐色，呈椭圆形或矩圆形，长 0.8~1 毫米，表面有白色光亮的细网纹；花果期为4~9 月。（详细见《中国植物志》第 62 卷）

龙胆科 Gentianaceae　龙胆属 *Gentiana*

鳞叶龙胆分布于中国西南、西北、华北以及东北等地区，在印度锡金、俄罗斯、蒙古、朝鲜和日本等地也有分布；生长于海拔 110~4200 米的山坡、山谷、山顶、干草原、河滩、荒地、路边、灌丛以及高山草甸中。

# 微孔草

*Microula sikkimensis* (Clarke) Hemsl.

　　茎直立，被刚毛；叶狭卵形至宽披针形，两面有短伏毛，下面沿中脉有刚毛，上面还散生带基盘的刚毛；花序密集，生于茎顶端和无叶的分枝顶端；花萼具近基部 5 裂，裂片呈线形或狭三角形，边缘密被短柔毛，内面有短伏毛；花冠呈蓝色或蓝紫色，无毛，裂片近圆形；5~9 月开花。（详细见《中国植物志》第 64（2）卷）

紫草科 Boraginaceae　微孔草属 *Microula*

微孔草分布于中国陕西西南部、甘肃、青海、四川西部、云南西北部（中甸以北）、西藏东部和南部，在印度锡金也有分布；生长于海拔3000~4500 米的山坡草地、灌丛、林边、河边多石草地以及田边或田中。

# 西藏微孔草

*Microula tibetica* Benth.

　　茎短，高约 1 厘米，自基部有多数分枝，枝端生花序；叶均平展并铺地面上，呈匙形，边缘近全缘或有波状小齿；花序不分枝或分枝；花冠呈蓝色或白色；小坚果卵形或近菱形；7~9 月开花。（详细见《中国植物志》第 64（2）卷）

---

**紫草科 Boraginaceae　微孔草属 *Microula***

西藏微孔草分布于中国西藏（藏东南无分布）地区，在印度锡金和克什米尔地区也有分布；生长于海拔 4500~5300 米的湖边沙滩、山坡流砂或高原草地上。

---

# 小果微孔草

*Microula pustulosa* (Clarke) Duthie

　　茎长 4~8 厘米，自基部分枝，密被短糙毛；叶呈长圆形，两面密被短伏毛；花在茎上与叶对生；花萼有 5 裂，裂片呈狭三角形，外面密被短毛；花冠蓝色；8~9 月开花。（详细见《中国植物志》第 64（2）卷）

---

**紫草科 Boraginaceae　微孔草属 *Microula***

小果微孔草分布于中国西藏南部与东北部以及青海南部，在印度锡金也有分布；生长于海拔 4150~4700 米的高山草地或多石砾山坡上。

---

# 甘青青兰

*Dracocephalum tanguticum* Maxim.

　　多年生草本，有略刺鼻臭味；茎直立，高 35~55 厘米，呈钝四棱形，上部被倒向小毛；叶片轮廓呈椭圆状卵形，基部宽楔形，羽状全裂，上面无毛，下面密被灰白色短柔毛；轮伞花序，苞片被短毛；花萼外面中部以下密被伸展的短毛及金黄色腺点，常带紫色。（详细见《中国植物志》第 65（2）卷）

---

唇形科 Labiatae　青兰属 *Dracocephalum*

甘青青兰分布于中国甘肃西南、青海东部、四川西部（南至乡城）与西藏东南部（察隅）；生长于海拔 1900~4000 米干燥河谷的河岸、田野、草滩或松林边缘。

# 白花枝子花

*Dracocephalum heterophyllum* Benth.

　　茎高 10~15 厘米，呈四棱形，密被倒向的小毛；叶片呈宽卵形至长卵形，先端钝或圆形，基部心形，边缘具浅圆齿或尖锯齿；轮伞花序生于茎上部叶腋，具 4~8 花；苞片呈倒卵状匙形或倒披针形，疏被小毛和短睫毛，边缘每侧具 3~8 个小齿，齿具长刺；花萼呈浅绿色，外面疏被短柔毛；花冠白色，外面密被白色或淡黄色短柔毛；花期为 6~8 月。（详细见《中国植物志》第 65（2）卷）

唇形科 Labiatae　青兰属 *Dracocephalum*

白花枝子花分布于中国山西（神池）、内蒙古（大青山）、宁夏（贺兰山）、甘肃（兰州以西以及西南）、四川西北部和西部、青海、西藏和新疆（天山）等地，在俄罗斯也有分布；生长于海拔 1100~5000 米的山地草原以及半荒漠的多石干燥地区。

# 短穗兔耳草

*Lagotis brachystachya* Maxim.

　　多年生矮小草本，高 4~8 厘米；根簇生，呈条形肉质状，长可达 10 厘米，匍匐茎呈淡紫红色；叶基生，莲座状；叶柄扁平，翅宽；叶片宽条形至披针形；花葶纤细数条，花密集，穗状花序卵圆形；花冠呈白色或微带粉红或紫色；果实呈红色，卵圆形，顶端大而微凹，光滑无毛；花果期为 5~8 月。（详细见《中国植物志》第 67(2) 卷）

---

**玄参科 Scrophulariaceae　　兔耳草属** *Lagotis*

短穗兔耳草分布于中国甘肃、青海、西藏和四川西北部；生长于海拔 3200~4500 米的高山草原、河滩与湖边砂质草地上。

# 甘肃马先蒿

*Pedicularis kansuensis* Maxim.

　　一年或两年生草本，植株多毛，高达 40 厘米以上；茎中空，方形，有 4 条成行之毛；叶基有密毛，叶片呈长圆形，羽状全裂，裂片约 10 对；花序长，花轮多而距疏；花期为 6~8 月。（详细见《中国植物志》第 68 卷）

**玄参科 Scrophulariaceae　马先蒿属 *Pedicularis***

甘肃马先蒿为我国特有种，分布于甘肃西南部、青海、四川西部，西至西藏昌都地区东部；生长于海拔 1825~4000 米的草坡、石砾处和田埂旁。

# 阿拉善马先蒿西藏亚种

*Pedicularis alaschanica* Maxim. subsp. tibetica (Maxim.) Tsoong

多年生草本；在基部分枝，中空，密被短而锈色茸毛；叶常对生；叶柄扁平，沿中肋有宽翅，被短茸毛；叶片呈披针状长圆形至卵状长圆形，裂片线形而疏距；花序穗状，生于茎枝之端，花轮可达10枚；花冠黄色，花管约与萼等长，喙短。（详细见《中国植物志》第68卷）

---

**玄参科 Scrophulariaceae　马先蒿属 *Pedicularis***

阿拉善马先蒿西藏亚种分布于中国青海、甘肃、内蒙古，也可能见于宁夏回族自治区；生长于河谷多石砾与沙的向阳山坡和湖边平川地。

---

# 藏波罗花

*Incarvillea younghusbandii* Sprague

　　矮小宿根草本, 无茎, 高 10~20 厘米; 根肉质; 叶基生, 平铺于地上, 1 回羽状复叶; 顶端小叶呈卵圆形至圆形, 具泡状隆起, 有钝齿; 花萼钟状, 无毛; 花冠细长, 漏斗状, 花冠筒呈橘黄色; 蒴果近于木质, 弯曲或新月形, 具四棱; 种子 2 列, 椭圆形, 近黑色; 花期为 5~8 月, 果期为 8~10 月。 (详细见《中国植物志》第 69 卷)

紫葳科 Bignoniaceae　　角蒿属 *Incarvillea*

藏波罗花分布于中国青海和西藏 (拉萨、那曲、班戈、索县、比如、仲巴、加里、错那、普兰、定结、聂拉木、定日、改则) 地区, 在尼泊尔也有分布; 生长于海拔 4000~5800 米的高山沙质草甸和山坡砾石垫状灌丛中。

# 青海刺参

*Morina kokonorica* Hao

多年生草本，株高 30~50 厘米；单一茎，下部光滑，具有明显的沟槽，上部被茸毛；花茎上的叶 3~4 枚轮生，呈线状披针形，边缘具深波状齿，齿裂至近中脉处，齿间有芒刺；轮伞花序顶生，组成紧密穗状花序；总苞片呈长卵形渐尖；花萼杯状，质硬，具有 2 深裂，裂片披针形，顶端具刺尖；花冠二唇形，淡绿色，外面被毛；花期为 6~8 月，果期为 8~9 月。（详细见《中国植物志》第 73（1）卷）

---

川续断科 Dipsacaceae　刺续断属 *Morina*

青海刺参分布于中国甘肃南部、青海、四川西北部以及西藏东部和中部；生长于海拔 3000~4500 米的砂石质山坡、山谷草地和河滩上。

---

# 半卧狗娃花

*Heteropappus semiprostratus* Griers.

多年生草本，根状茎短，复生出多数簇生茎枝；茎枝平卧或斜升，被平贴的硬柔毛，基部分枝；叶为条形或匙形，两面被平贴的柔毛或上面近无毛；总苞半球形，总苞片3层；舌状花20~35个，舌片呈蓝色或浅紫色；管花黄色；瘦果倒卵形，被绢毛。（详细见《中国植物志》第74卷）

菊科 Compositae　蒲公英属 *Heteropappus*

半卧狗娃花分布于中国西藏和青海（祁连山、茶卡）地区，在尼泊尔和克什米尔地区也有分布；生长于海拔3200~4600米的干燥多砂石山坡、冲积扇或河滩砂地上。

# 弱小火绒草

*Leontopodium pusillum* (Beauv.) Hand.-Mazz.

矮小多年生草本，莲座状叶丛；叶呈匙形或线状匙形，两面被白色或银白色密茸毛，常褶合；苞叶多数，密集，被白色密茸毛；头状花序径约 3~7 个密集，总苞有白色长柔毛状茸毛；花期为 7~8 月。（详细见《中国植物志》第 75 卷）

---

菊科 Compositae  火绒草属 *Leontopodium*

弱小火绒草分布于中国西藏南部、中部、东北部（江孜、昂江、打隆、班戈湖、珠穆朗玛峰等）及青海北部（祁连山）、新疆南部，在印度锡金北部也有分布；生于海拔 3500~5000 米高山雪线附近的草滩地、盐湖岸和石砾地，常大片生长，成为草滩上的主要植物；此种在青海为草滩地的主要植物成分，羊极喜食。

# 木根香青

*Anaphalis xylorhiza* Sch.-Bip. ex Hook. f.

　　根状茎粗壮，总体灌木状，多分枝；茎直立或斜升，草质，纤细，不分枝；叶密生，莲座状，呈长圆状或线状匙形，上部叶渐小，直立或依附于茎上或花序上；茎、叶均被白色或灰白色蛛丝状毛或薄棉毛；头状花序 5~10 余个密集成复伞房状；花期为 7~9 月，果期 8~10 月。（详细见《中国植物志》第 75 卷）

菊科 Compositae　香青属 *Anaphalis*

木根香青分布于中国西藏南部（帕里、拉萨、茄莎、定结、南木林、卡尔达河谷、江孜），在尼泊尔、不丹和喜马拉雅山区的其他地区也有分布；生长于海拔 3800~4000 米的高山草地、草原和苔藓中。

# 细裂亚菊

*Ajania przewalskii* Poljak.

多年生草本，高 35~80 厘米；茎直立，呈红紫色，被白色短柔毛；叶 2 回羽状分裂，全形宽卵形，叶柄被稠密短柔毛，正反面呈现差异化绿色和灰白色；茎顶有伞房状短花序分枝，头状花序小，花黄色，总苞钟状；花果期为7~9 月。（详细见《中国植物志》第 76（1）卷）

菊科 Compositae　亚菊属 *Ajania*

细裂亚菊分布于中国四川、青海、甘肃东部与宁夏贺兰山；生长于海拔 2800~4500 米的草原、山坡林缘或岩石上。

# 川藏风毛菊

*Saussurea stoliczkae*

多年生矮小草本，高 2~6 厘米；茎较短，其上分布密集被白色茸毛，呈线状、长圆形或倒披针形叶片，呈羽状浅裂，侧裂片 5 对，背面密被白色茸毛；头状花序，单生于茎根状茎顶端；总苞呈卵圆形，总苞片 5 层，被稀疏的柔毛；小花紫红色冠毛污白色，2 层，外层短，糙毛状，内层长，羽毛状；花果期为 8~10 月。（详细见《中国植物志》第 78（2）卷）

菊科 Compositae　风毛菊属 *Saussurea*

川藏风毛菊分布于中国四川（木里、稻城）、西藏（日土、革吉、普兰、仲巴、萨噶、吉隆、聂拉木、定日、定结、措勤、改则、双湖、那曲）和新疆（塔什库尔干、叶城），在印度西北部和尼泊尔也有分布；生长于海拔3200~5400 的砾石山坡、灌丛、草原、草甸、沙滩地、湖边小溪旁与山沟。

# 牛尾蒿

*Artemisia dubia* Wall. ex Bess.

多年生半灌木状草本；主根类木质化，粗长，侧根较多；根状茎粗短，有营养枝；茎丛生，直立或斜向上，呈紫褐色或绿褐色，高 80~120 厘米；叶厚，纸质，叶正面柔毛较短，背面毛较为密集；基部至中部叶呈卵形或长圆形，羽状 5 深裂，无柄；上部叶与苞片叶指状，3 深裂或不分裂；头状花序多数，宽卵球形或球形；花果期为 8~10 月。（详细见《中国植物志》第 76（2）卷）

菊科 Compositae　蒿属 *Artemisia*

牛尾蒿分布于中国内蒙古、甘肃南部、四川西部、云南西部以及西藏东部，在印度北部、不丹和尼泊尔也有分布；生长于低海拔至海拔 3500 米的山坡、草原、疏林以及林缘。

# 冻原白蒿

*Artemisia stracheyi* Hook. f. et Thoms. ex C. B. Clarke

　　多年生草本，植株有明显刺鼻臭味；根木质，粗大；茎不分枝，多密集成丛或垫状，高 15~45 厘米；茎、叶两面及总苞片背面密集分布灰黄色或淡黄色绢质茸毛；叶狭长卵形，羽状全裂，每侧裂片 7~13 个；半球形头状花序，在茎上排列成总状花序或为密穗状花序状的总状花序；花黄色，少数雌花，多数为两性花；瘦果倒卵形；花果期为 7~11 月。（详细见《中国植物志》第 76（2）卷）

菊科 Compositae　蒿属 *Artemisia*

冻原白蒿分布于中国西藏地区，在克什米尔地区、印度（北部）以及巴基斯坦（北部）也有分布；多生长于海拔 4300~5100 米的山坡、河滩、湖边等砾质滩地、草甸与灌丛中。

# 藏蒲公英

*Taraxacum tibetanum* Hand.-Mazz.

　　多年生草本；叶呈倒披针形，羽状深裂，少为浅裂，每侧具 4~7 裂片；裂片呈三角形，相互连接或稍有间距；花葶 1 或数个，无毛或在顶端有蛛丝状柔毛；花黄色，舌状，边缘花舌片背面有紫色条纹；瘦果倒卵状，呈长椭圆形至长圆形，淡褐色；冠毛白色，长约 6 毫米。

（详细见《中国植物志》第 80（2）卷 ）

## 菊科 Compositae　蒲公英属 *Taraxacum*

藏蒲公英分布于中国青海南部、四川西部（甘孜、阿坝）、云南西北部、西藏中部和东部，在印度锡金和不丹也有分布；生长于海拔 3600~5300 米的山坡草地、台地与河边草地上。

# 中亚早熟禾

*Poa litwinowiana* Ovcz.

　　多年生草本；茎秆直立，呈灰绿色，高 10~25 厘米；叶片呈线形，扁平或内卷；圆锥花序紧缩成穗状，主轴和分枝隐藏，粗糙；小穗含 2~3 朵小花，花期呈楔形，紫色；外稃为椭圆状长圆形，顶端钝，具 5 脉；内稃短，外稃长，具 2 脊，粗糙；花果期为 6~7 月。（详细见《中国植物志》第 9 (2) 卷）

---

### 禾本科 Gramineae　早熟禾属 *Poa*

中亚早熟禾分布于中国四川、西藏西北部、甘肃、青海和新疆（天山、阿尔泰）地区，在中亚地区、帕米尔高原、俄罗斯的西伯利亚地区以及伊朗、阿富汗、巴基斯坦、尼泊尔、印度锡金、不丹、印度北部和克什米尔地区均有分布；生长于海拔 4100~4700 米的山坡草地、砾石地与草甸上。

---

# 垂穗披碱草

*Elymus nutans* Griseb.

　　秆直立，高 50~70 厘米，基部呈弯曲状；基部和根部延伸的叶鞘具柔毛；叶片扁平，叶正面有柔毛；穗状花序排列紧密，呈曲折状，长 5~12 厘米；小穗呈绿色，成熟后带有紫色；颖长圆形，先端渐尖，具 3~4 脉，脉明显且粗糙；外稃长披针形，具 5 脉，被微小短毛，内稃与外稃等长，先端钝圆或截平，脊上具纤毛。（详细见《中国植物志》第 9（3）卷）

---

**禾本科 Gramineae　披碱草属 *Elymus***

垂穗披碱草分布于中国内蒙古、河北、陕西、甘肃、青海、四川、新疆和西藏等省区，在俄罗斯、土耳其、蒙古、印度以及喜马拉雅山区也有分布；生长于草原、山坡道旁和林缘。

第二章 色林错的植物物种

# 高山嵩草

*Kobresia pygmaea* C. B. Clarke

　　垫状多年丛生草本；秆矮小，高 1~3.5 厘米，圆柱形，有细棱，无毛；叶与秆近等长，针状；穗状花序，先端雄性，下端雌性，椭圆形；雄花鳞片长圆状披针形，有 3 枚雄蕊；雌花鳞片呈卵形，具短尖或短芒；花柱短，3 个柱头；先出叶椭圆形，背面 2 脊粗糙；小坚果倒卵状椭圆形成熟时暗褐色，无光泽。（详细《中国植物志》第 12 卷）

---

莎草科 Cyperaceae　　嵩草属 *Kobresia*

高山嵩草分布于中国内蒙古、河北、山西、甘肃、青海、新疆南部、四川、云南和西藏等地区，在不丹、印度锡金、尼泊尔至克什米尔地区亦有分布，在青藏高原和喜马拉雅山区常为草甸带的建群种；生长于海拔 3200~5400 米的高山灌丛草甸和高山草甸。

# 青甘韭

*Allium przewalskianum*

鳞茎数枚聚生，外皮红色，纤维质，呈明显的网状；叶半圆柱状至圆柱状，具 4~5 纵棱；花葶圆柱状，高 10~40 厘米，下部被叶鞘；伞形花序球状或半球状，花淡红色至深紫红色，花丝等长，子房 3 室，球状；花柱在花刚开放时被包围在 3 枚内轮花丝扩大部分所组成的三角锥体中，花后期伸出，而近与花丝等长；花果期为 6~9 月。（详细见《中国植物志》第 14 卷）

百合科 Liliaceae　葱属 *Allium*

青甘韭分布于中国云南（西北部）、西藏、四川、陕西、宁夏、甘肃、青海和新疆等地区，在印度和尼泊尔也有分布；生长于海拔 2000~4800 米的干旱山坡、石缝、灌丛或草坡上。

# 帕里韭

*Allium phariense*

鳞茎单生或 2~3 枚聚生，呈狭卵状，外皮灰黑色；球状伞形花序，花为白色，干后可见紫色中脉；花被片呈狭卵形至倒卵状矩圆形；花丝等长，呈锥形，基部合生并与花被片贴生；子房近球状，腹缝线基部无凹陷的蜜穴；花柱伸出花被外；花果期为 7~8 月。（详细见《中国植物志》第 14 卷）

---

百合科 Liliaceae　葱属 *Allium*

帕里韭分布于中国西藏南部；生长于海拔 4400~5200 米的砾石山坡或草地上。

# 内 容 简 介

　　本书介绍了青藏高原腹地羌塘高原内流区色林错及其湖区周边主要的植物物种，并参照资料，对所有植物物种的辨识特征、生长习性和分布区域等作了详细描述。同时，本书还简要介绍了该区域的部分自然景观、动物、湖泊及冰川等，以帮助人们认识这块高原璞玉周边的植物、动物等自然资源，为高寒地区生态学及植物学科研工作者提供一份基础参考资料，并为植物爱好者或旅游爱好者提供一份有一定参考价值的观察指南或科普读物。

**图书在版编目(CIP)数据**

---

　　色林错植物图鉴：羌塘"鬼湖"的植物生灵 / 宋洪涛, 高海峰主编. –
北京：科学出版社, 2017.7
　　 ISBN 978-7-03-053700-3

　　 I. ①色… II. ①宋… ②高… III. ①青藏高原—植物—图集
IV.①Q948.527-64

　　中国版本图书馆CIP数据核字(2017)第137587号

---

责任编辑：张　婷 / 责任校对：刘亚琦
责任印制：张　倩 / 封面设计：知墨堂文化
编辑部电话：010-64003096
E-mail:zhangting@mail. sciencep.com

科 学 出 版 社 出版
北京东黄城根北街 16 号
邮政编码：100717
http://www.sciencep.com
中国科学院印刷厂 印刷

科学出版社发行　各地新华书店经销

\*

2017年 7 月第 一 版　开本：720×1000 1/16
2017 年 7 月第一次印刷　印张：10
字数：80 000

**定价：68.00元**
（如有印装质量问题，我社负责调换）